BEI GRIN MACHT SICH IHR WISSEN BEZAHLT

- Wir veröffentlichen Ihre Hausarbeit,
  Bachelor- und Masterarbeit

- Ihr eigenes eBook und Buch -
  weltweit in allen wichtigen Shops

- Verdienen Sie an jedem Verkauf

Jetzt bei www.GRIN.com hochladen
und kostenlos publizieren

Bibliografische Information der Deutschen Nationalbibliothek:

Die Deutsche Bibliothek verzeichnet diese Publikation in der Deutschen National-
bibliografie; detaillierte bibliografische Daten sind im Internet über http://dnb.d-
nb.de/ abrufbar.

Impressum:

Copyright © 2017 GRIN Verlag, Open Publishing GmbH
Druck und Bindung: Books on Demand GmbH, Norderstedt Germany
ISBN: 9783668566286

Gudrun Kahles

Die Stadt Speyer und die Tulla'sche Rheinregulierung unter dem Einfluss der Landespolitik

GRIN Verlag

TU Darmstadt
Institut für Geschichte
Seminar „Stadt und Fluss in Europa"
Sommersemester 2017

Die Stadt Speyer und die Tulla'sche Rheinregulierung unter dem Einfluss der Landespolitik

Eingereicht von:

Gudrun Kahles

M. A. Geschichte, Fachsemester 2

Inhaltsverzeichnis:

1.   Einleitung

Das von Johann Gottfried Tulla geplante und von seinen Nachfolgern[1] zu Ende geführte Projekt der Rheinbegradigung war ein technisches Großprojekt des 19. Jahrhunderts. Schon zu seiner Zeit war es nicht unumstritten, allerdings überwogen und überwiegen bis heute die positiven Beurteilungen. Die Vermeidung von katastrophalen Überflutungen, die Eindämmung oder der komplette Entfall der durch die Lage am Wasser entstandenen Krankheiten, wie z.B. Malaria, Typhus und Wechselfieber, sind wesentliche Faktoren dafür.

Wie bei allen Großprojekten gab es auch hier Befürworter und Gegner, Gewinner und Verlierer. Zu den Verlierern zu gehören, befürchtete das linksrheinische Speyer. Nach Tulla's Plänen sollte der Rhein weiter nach Osten verlegt werden. Damit hätte die Stadt ihre Anbindung an den Rhein verloren.[2]

Welche Gründe Speyer anführte, um diese Abänderung des Flussverlaufes zu verhindern, werden in dieser Hausarbeit nur kurz angerissen. Es wird statt dessen die Frage gestellt, inwieweit die damalige politische Lage das Handeln der beiden Staaten Bayern und Baden beeinflusst haben könnte, damit die Stadt ihre Lage am Rhein bewahren konnte.

In der von mir ausgewerteten Literatur erkennt man dazu keine stichhaltigen Argumente. Honsell verwies auf fehlende finanzielle Mittel, Fenske vermerkte nur kurz, dass Bayern und Baden „bald"[3] bereit waren , den Wunsch der Stadt zu bewilligen und Bernhardt vermutete, dass den Unterliegerstaaten jeder nicht ausgeführte Durchstich recht war, denn dann würde die Überschwemmungsgefahr bei den Befürworterstaaten verbleiben.

Nach einer kurzen Beschreibung des Oberrheines skizziere ich in Kapitel 3 den Werdegang Johann Gottfried Tullas. In den folgenden Kapiteln beschreibe ich die Situation der Stadt Speyer und des Rheinkreises im ersten Drittel des 19. Jahrhunderts. Der damaligen Speyerer Presselandschaft ist Kapitel 4.2 gewidmet, da das junge Informationsmedium die politische Stimmung im Lande stark widerspiegelte und beeinflusste. Um das Thema der Hausarbeit herauszuarbeiten befasse ich mich in Kapitel 5 und 5.1 mit der politischen Entwicklung in der

---

[1] Tullas Nachfolger: Geheimer Referendar Beck bis 1832; Oberbaurat Rochlitz bis 1844; Geheimer Rat von Marschall bis 1849, Oberbaurat Scheffel bis 1854, Ministerialrat Bär bis 1876. Unter Oberbaudirektor Max Honsell kam es ab 1876 zu einer Neuorganisation der Rheinregulierung. Vergl. Löbert,Traude: Die Oberrheinkorrektion in Baden. Zur Umweltgeschichte des 19. Jahrhunderts. Mitteilungen des Instituts für Wasserbau und Kulturtechnik der Universität Karlsruhe (TH), Heft 193, Karlsruhe 1997, S. 39.

[2] Vergl. Fenske, Hans: Speyer im 19. Jahrhundert (1814 bis 1918), in Stadt Speyer (Hrsg.): Geschichte der Stadt Speyer, Bd. II, Stuttgart u.a. 1983[2], S. 136.

[3] s. ebd.

Restauration und im Vormärz. In Kapitel 6 – Zeitgenössische Konflikte – werden nur die Widerstände und Proteste der Jahre 1817 bis 1832 beschrieben. Es gab jedoch auch große Zustimmung zu dem Rektifikationsvorhaben, da es die Gemeinden nachweislich vor Überflutungen schützte. In der Schlussbetrachtung wird die Verbindung zwischen der Zustimmung zur Speyerer Bitte und der brisanten politischen Situation beschrieben, um somit die Frage, die in dieser Hausarbeit gestellt wird, zu beantworten.

Die Zitate aus Quellentexten wurden mit der damals gültigen Orthographie übernommen.

2.   Der Oberrhein.

Von seinem Ursprung in den Alpen bis zu seinem Mündungsdelta in die Nordsee wird lt. Schifffahrtsdirektion Mainz die gegenwärtige Länge des Rheins mit 1.320 km angegeben.[4] Durch die Rheinbegradigung, die 1817 bei Knielingen begonnen[5] und 1876 mit dem Angelhofer Durchstich beendet wurde[6], war der Fluss zwischen Basel und Worms um ca. 81 km verkürzt worden.[7] Als „Oberrhein" bezeichnet man üblicherweise die Strecke zwischen Basel (Rhein-km 168) und Mainz (Rhein-km 502). In manchen Flussbeschreibungen wird auch noch der Flussverlauf bis zum Binger Loch (Rhein-km 530) dazu gezählt.

Bis zu Beginn des 19. Jahrhunderts stellte sich der südliche Oberrheinbereich als Furkationszone dar. Zahlreiche Flussarme, Quellhorizonte, kleine Inseln und Sandbänke füllten den Oberrheingraben aus. Einen Hauptstrom gab es nicht. Auf der Höhe von Karlsruhe hatte sich zwar ein Hauptarm entwickelt, aber noch immer fanden sich zahlreiche Seitenarme und Altwasserzonen. Nach dieser Zone wurde die Oberrheinische Tiefebene zu einem breiten, bis nach Mainz führenden Mäandergebiet. Durch Uferabbrüche und Überflutungen änderte der Flussverlauf immer wieder sein Gesicht. Es kam zu katastrophalen, ganze Dörfer verwüstenden Hochwassern und durch die sommerliche Vermehrung der Stechmücken wurden die Auenniederungen zu Malariagebieten.

---

[4]   s. Kremer, Bruno P: Der Rhein. Von den Alpen bis zur Nordsee, Duisburg 2017, S. 54.

[5]   Vergl. Honsell, Max: Die Korrektion des Oberrheines von der Schweizer Grenze unterhalb Basel bis zur Großh. Hessischen Grenze unterhalb Mannheim, insbesondere der Badische Antheil an dem Unternehmen, in: Centralbureau für Meteorologie und Hydrographie (Hg..): Beiträge zur Hydrographie des Grossherzogthums Baden, Drittes Heft, Karlsruhe 1885, S. 8 f.

[6]   Ebd., S. 20.

[7]   Vergl. Bernhardt, Christoph: Die Begradigung Oberrhein im Rückblick, in: Hoffmann, Albrecht (Hg.): Gezähmte Flüsse – Besiegte Natur, Gewässerkultur in Geschichte und Gegenwart, Kasseler Wasserbau- Forschungsberichte und – Materialien, Bad 18/22003, Kassel 2003, S. 75.

Der sich nach jeder Überschwemmung anderes gestaltende Flussverlauf war problematisch für die Grenzziehungen der Anliegerstaaten. Zu Beginn des 19. Jh. gehörte das linksrheinische Gebiet zum Französischen Kaiserreich, rechtsrheinisch von Basel bis Mannheim zum Großherzogtum Baden und weiter bis Mainz zum Großherzogtum Hessen-Darmstadt. Da der Rhein als natürliche Staatsgrenze angesehen wurde, gaben die Flusslaufveränderungen immer wieder Anlass zu Grenzkonflikten.[8] Allerdings war allen Staaten gemeinsam die Einsicht, dass der Rhein gebändigt werden müsste. Deshalb gründete man bereits 1808 in Straßburg den „Magistrat du Rhin[9]", eine französische Kommission, die mit den Vertretern der Anliegerstaaten zusammenarbeitete.

3.   Tulla und die Rheinrektifikation

Für Johann Gottfried Tulla (1770-1828) war

> „der Rhein [ist] einer der merkwürdigsten Ströme in Europa, wegen seiner Größe, seiner Verbindung mit den Gletschern und den meisten Seen der Schweiz, seiner Wasserfälle (…), wegen der Veränderung seines Laufes (…), der Verschiedenheit seines Gefälles, seiner Geschwindigkeit und seines Flußbettes, wegen der Größe seines Spielraumes und seines jetzigen Ueberschwemmungsgebietes, endlich wegen seiner Mündungen in das Meer und seiner Benutzungen zur Schifffahrt und Flößerey".[10]

Dieser „merkwürdige" Strom war für den begabten und von seinem Landesherrn, dem Markgrafen und späteren Großherzogen Karl-Friedrich (1718-1811), geförderten Ingenieur wohl eine Herausforderung an sein technisches Können. Sein primäres Ziel war die Melioration der Oberrheinischen Tiefebene.[11] Die sich durch die Maßnahmen ergebende bessere Schiffbarkeit des Rheins spielte für ihn eine nachgeordnete Rolle.[12]

Markgraf Karl Friedrich von Baden hatte dem in Karlsruhe geborenen Sohn seines Landes eine langjährige, umfassende Ausbildung sowie ein zweijähriges Studium an der Ecole polytechnique in Paris ermöglicht. Hier kam Tulla mit der Idee einer überregionalen, von der französischen Wasserbaubehörde angedachten   Rheinbegradigung in Berührung. Nach Karlsruhe

---

[8]   Vergl. Kremer: Der Rhein, S. 72 f.

[9]   s. Honsell: Die Korrektion des Oberrheins, S. 4.

[10]   s. Tulla, J. G.: Ueber die Rektifikation des Rheins, von seinem Austritt aus der Schweiz bis zu seinem Eintritt in das Großherzogtum Hessen, Karlsruhe 1825, S. 3.

[11]   Vergl. Kremer: Der Rhein, S. 74.

[12]   s. Tulla: Ueber die Rektifikation des Rheins, S. 53: „die Schifffahrt wird lebhafter werden, Dampfbote werden als Postschiffe auf dem Rheine gehen und sie werden auch zum buxiren der Frachtschiffe und der Flöße benutzt werden."

zurückgekehrt   wurde er 1817 zum Oberwasser-und Straßenbauingenieur befördert. In zahlreichen Publikationen beschäftigte er sich seit 1807[13] mit der Rektifikation des Rheins. Ausschlaggebend dafür waren im Wesentlichen die jährlichen, immer wieder gravierende Schäden anrichtenden Überschwemmungen im Oberrheingebiet.[14] 1809 trat er erstmals mit seinen Vorschlägen an die Öffentlichkeit. Er erntete nur Widerspruch.[15]

In seiner 1825[16] publizierten Schrift „Ueber die Rektifikation des Rheins, von seinem Austritt aus der Schweiz bis zu seinem Eintritt in das Großherzogtum Hessen" beschrieb er deutlich die Gefahren, denen die Uferbewohner ausgesetzt waren: die häufigen Eisgänge und die bedrohlichen Hochwasser, die vielen Menschen das Leben kostete und durch die ganze Dörfer verlegt werden mussten oder die im schlimmsten Fall komplett vernichtet wurden. Zwar seien im Laufe der Jahrhunderte immer wieder Versuche unternommen worden, den Rhein zu bändigen, aber diese Versuche hätten nie zu einer längerfristigen Lösung geführt.[17]

In dem 1812 verfassten Bericht an das Großherzogliche Ministerium der auswärtigen Angelegenheiten formulierte Tulla: "Kein Strom oder Fluss, also auch nicht der Rhein, hat mehr als ein Flussbett nötig, oder, welches einerlei ist, kein Strom oder Fluss hat in der Regel mehrere Arme nöthig." [18]

Durch die Rektifikation (so wurde zu Tulla's Zeit eine Begradigung genannt) sollte sich das Flussbett vertiefen und der Wasserspiegel gesenkt werden. Dazu wurde in einem vorher vermessenen Bereich der geplante Flussverlauf abgesteckt. Anschließend erstellte man einen Leitgraben, in den dann der Rhein geleitet wurde. Der Fluss übernahm die weitere Arbeit, denn durch die Strömung grub sich das Flussbett immer tiefer, bis endlich der gewünschte Wasserstand und die vorgesehene Flussbreite erreicht waren. Nun konnte die erforderliche Uferbefestigung durchgeführt werden.[19] Die Wasserspiegelsenkung wurde als Voraussetzung für die Vermeidung der gefährlichen und oft den Tod bringenden Überschwemmungen angesehen[20].

---

[13] Vergl. Blackbourn, David: Die Eroberung der Natur. Eine Geschichte der deutschen Landschaft, aus dem Englischen von Udo Rennert, München 2007, S. 111.
[14] Vergl. Rösch, Norbert, Die Rheinbegradigung durch Johann Gottfried Tulla, in: zfv-Zeitschrift für Geodäsie, Geoinformation und Landmanagement, 134. Jahrgang, 4/2009, S. 242 f.
[15] Vergl. Honsell: Die Korrektion des Oberrheines, S. 4.
[16] Der erste Spatenstich des Rheindurchstichs bei Knielingen lag damals bereits acht Jahre zurück.
[17] Vergl. Tulla: Ueber die Rektifikation des Rheins, S. 4 f.
[18] zit. nach Honsell: Die Korrektion des Oberrheines, S. 5.
[19] Vergl. Bernhardt: Die Rheinkorrektur, S. 78.
[20] Vergl. Tulla: Ueber die Rektifikation des Rheins, S. 6.

Nicht nur einen besseren Hochwasserschutz versprach der Ingenieur, sondern auch, dass das so gewonnene und trockengelegte Land einen „größerem reinen Ertrag"[21] erbringen und dass sich „ein sehr großer Gewinn durch die Erleichterung und Sicherung der Schifffahrt und der Flößerey"[22] ergeben würde.

Johann Gottfried Tulla konnte nur die Anfangsphase seines Hauptwerks miterleben. Da er bereits 1828 an den Folgen einer Krankheit verstarb, war es ihm nicht vergönnt zu sehen, ob sich seine Erwartungen erfüllten und ob neben den obengenannten wirtschaftlichen Aspekten auch

> „ alles längs diesem Strom anders werden [wird]; der Muth und die Thätigkeit der Rhein-Bewohner (…) in dem Verhältnisse steigen [wird], in welchem ihre Wohnungen, ihre Güter und deren Ertrag mehr geschützt seyn werden. Das Klima längs dem Rhein wird durch Verminderung der Wasserfläche auf beinahe 1/3, durch das Verschwinden der Sümpfe und die damit im Verhältnis stehende Verminderung der Nebel wärmer und angenehmer und die Luft reiner werden".[23]

Auf dem Friedhof Montmartre in Paris fand Tulla seine letzte Ruhe. In den Gemeinden des Oberrheins wurden zahlreiche Plätze und Straßen nach ihm benannt. In seiner Geburtsstadt Karlsruhe steht ein Gedenkstein, der folgende Inschrift trägt:

> „Dem großh. badischen Ingenieur Oberst I. G. TULLA dem verdienstvollen Gründer, der zum großen Nutzen aller Uferbewohner unter der segensreichen Regierung des Großherzogs Carl Friedrich unternommenen Rhein Rectification zum ehrenden Andenken von Markgraf Max von Baden.1853 "[24]

---

[21] Ebd., S. 27.
[22] Ebd. S. 46.
[23] Ebd. S. 52.
[24] s. https://ka.stadtwiki.net/Tulladenkmal

4.   Die Stadt Speyer

Die Stadt Speyer war am Hochufer des Rheins gegründet. Vom Dombereich aus, dem östlichsten Teil der Stadt, blickte man hinunter auf die Rheinauen.

Von 1797 bis 1813 befand sich Speyer unter der Herrschaft Frankreichs. Nach dem Sieg der Alliierten in der Völkerschlacht bei Leipzig im Oktober 1813 war die napoleonische Armee auf dem Rückmarsch. Am 31. Dezember 1813 verließen die französischen Truppen die Stadt.

Das Ende der französischen Besatzung wurde zwar von der Bevölkerung mit Begeisterung aufgenommen, aber die in der napoleonischen Zeit erworbenen Bürgerrechte sollten nicht verloren gehen. Stadt und Kanton Speyer verfassten ein Memorandum an die Siegermächte, in dem zum Ausdruck gebracht wurde, dass man weiterhin auf Beibehaltung der französischen Gesetze und Einrichtungen, die später betitelten „Rheinischen Institutionen", hoffte.

In einer Vereinbarung, die nach der Völkerschlacht durch die Siegermächte getroffen worden war, wurde der linksrheinischen Bevölkerung zugesichert, dass die unter Napoleon geltende Gesetzgebung und das Verwaltungssystem so lange in unveränderter Weise bestehen bleiben sollte, bis die neuen Herrschaftsverhältnisse geklärt sein würden[25] und obwohl Speyer an das Großherzogtum Bayern überging, blieb es doch in dieser rechtlichen Sonderstellung. Die in der französischen Zeit erworbenen Rechte wurden nicht abgeschafft. Durch deren Beibehaltung erhoffte sich die bayerische Regierung eine politische Stabilisierung.[26]

Weder war die neue Besatzungsmacht und spätere Landesherrschaft Bayern bei der linksrheinischen Bevölkerung beliebt und „man hatte den Verbündeten alles Heil und Glück gewünscht, aber nur bis - an den Rhein"[27], noch war der bayerische König Maximilian Joseph begeistert davon, das Gebiet zu erhalten. Die Stadt litt unter der Höhe der zu leistenden Steuern und Abgaben und Maximilian Joseph sah in der Rheinpfalz nur ein Territorium, das er bei Gelegenheit gegen andere, direkt an Bayern angrenzende Bereiche auszutauschen beabsichtigte.

---

[25] Vergl. Fenske: Speyer, S. 120 f.
[26] Ebd., S. 141.
[27] s. Th. Hilgard: Meine Erinnerungen, Heidelberg 1860, S. 232, zit. nach Scherer, Karl: Zum Verhältnis Pfalz-Bayern in den Jahren 1816-1848, in: Fenske, Hans (Hg.): Die Pfalz und Bayern 1816-1956, Speyer 1998, S.10.

Allerdings zeigte sich die durch den Wiener Kongress verordnete Zugehörigkeit zu Bayern ab Mai 1816 im Laufe der Zeit als vorteilhaft. Die Stadt wurde zum Verwaltungssitz des neugeschaffenen Rheinkreises, gewann damit an Bedeutung und erlebte eine Aufwärtsentwicklung[28], denn „der schiffreiche Rhein, an dem es liegt, die Nähe gewerbereicher kleiner Städte macht sie zum natürlichsten Zentralpunkt des Landes".[29]

Obwohl die Stadt 1816 zur Kreishauptstadt des Rheinkreises geworden war, ähnelte sie in ihrem Aussehen eher einem heruntergekommenen Dorf. Der würdige Dom wurde als Magazin benutzt, ehemals prächtige Gebäude waren oft nur noch Ruinen. Lediglich die Hauptstraße zeigte sich zum großen Teil noch in ihrer früheren Pracht.

Im, für die Zahl der Einwohner viel zu großen Stadtgebiet lebten 1815 knapp 6000 Menschen, bis 1830 war die Bevölkerungszahl um ein Drittel angewachsen[30]. Inwieweit sich die Sozialstruktur in gewerbliche, landwirtschaftliche oder Bereiche im öffentlichen Dienst oder kirchlicher Bereiche unterteilen lässt, ist lt. Fenske nicht sicher nachvollziehbar. Als gewerbliche Betriebe wurden in einem Gutachten von 1817 eine Tabakfabrik, eine Wachsfabrik und eine Essigfabrik genannt. Außerdem existierten zwei Gerbereien, ein Weinhandelshaus und eine größere Schiffswerft. Alles in allem jedoch waren die Verhältnisse recht bescheiden.[31]

Allerdings gab es mit etwas Glück eine verlockende Möglichkeit die Armut zu beenden: das Rheingold. Die Goldwäscherei gehörte zu den ältesten Gewerben am Oberrhein. Aus dem Bereich der Schweiz gelangten Körnchen des begehrten Metalls in das Flusswasser und lagerten sich im Laufe seines Verlaufs im Kies und Sand ab. Das Recht auf Ausbeutung hatten sich auch Goldwäscher aus Speyer gesichert. Für die Obrigkeit war es immerhin so wertvoll, dass Vorkehrungen gegen Diebstahl und Schmuggel getroffen werden mussten. In der ersten Hälfte des 19. Jahrhunderts konnten in manchen Jahren rund 2 kg Gold an die bayerische Münzanstalt geschickt werden. Als Folge der schnelleren Durchflussgeschwindigkeit des Rheins blieben nach der Regulierung allerdings nur geringe Goldmengen im Flussbett zurück, bis sich letztendlich die Goldwäscherei nicht mehr lohnte. [32]

---

[28] Vergl. Fenske: Speyer, S. 122 f.
[29] s. Haan, Heiner (Hg.): Hauptstaat-Nebenstaat. Briefe und Akten zum Anschluß d. Pfalz an Bayern 1815/1817, Koblenz 1977, S.13, zit. nach Fenske: Speyer, S. 124.
[30] Ebd. S. 128.
[31] Ebd. S. 130 ff.
[32] Vergl. Blackbourn, David: Die Eroberung der Natur. Eine Geschichte der deutschen Landschaft. Aus dem Englischen von Udo Rennert, München 2006, S. 131 f.

Eine der Möglichkeiten, die ökonomische Situation der Stadt zu verbessern, war der Ausbau der Handelsmöglichkeiten. Hier setzte man wesentliche Hoffnungen auf den Hafen und die Wiederbelebung des Schiffs- und Handelsverkehrs. Der Hafenbereich befand sich nordöstlich des Doms, an der Mündung des Speyerbachs in den Rhein.[33] Während der französischen Besatzung gab es hier kaum Schiffsverkehr. Ab 1814 jedoch kam es wieder zu gelegentlichen An- und Abfahrten. Langsam entwickelte sich ein regelmäßiger Marktverkehr nach Mannheim und Mainz. Auf dem Speyerbach wurde Holz aus dem Pfälzer Wald in die Stadt geflößt. Allerdings jedoch herrschte nur geringer Betrieb.

Als der Speyerer Kaufmann Scharpff im Jahre 1820 in Ludwigshafen ca. 20000 m² Gelände im Bereich der ehemaligen Rheinschanze erwarb und dies als Handelsplatz auszubauen beabsichtigte, sahen die Speyerer eine existentielle Gefahr für den Hafen und die Stadt. Der daraufhin erhobene Einspruch wurde von der Bezirksregierung abgelehnt. Scharpff durfte sein Vorhaben verwirklichen.

Ein Hoffnungsschimmer war der von Frankreich 1825 geplante, von Straßburg bis nach Speyer führende Rhein-Seitenkanal. Mit dessen Anschluss an den Rhein-Rhone-Kanal wäre eine Verbindung von der Nordsee bis zum Mittelmeer geschaffen worden. Dieses Projekt wurde jedoch erst Jahrzehnte später, nach der Gründung des Deutschen Kaiserreiches, umgesetzt. Auch der 1830 bewilligte Freihafen war anfangs nur ein Provisorium. Erst sieben Jahre später konnte er endlich eingeweiht werden.

Als Bayern und Baden im November 1825 einen zweiten Vertrag über die Rheinbegradigung schlossen, drohte der Stadt der Verlust der Rheinanbindung. Nach Tulla's Plan würde der Flussverlauf weiter östlich verlaufen. Die Stadt würde den Status einer Hafenstadt verlieren, die Einnahmen durch den Warenumschlag würden entfallen und auch das Transport- und Beherbergungsgewerbe würde gravierenden Schaden erleiden. Zusätzlich rechnete man mit einem Verlust von ca. 1300 Morgen Land, das durch die Rektifikation auf die andere Rheinseite fallen würde.[34] Zwischen Neupotz und Frankenthal waren sechzehn Durchstiche vorgesehen.[35]

---

[33] Vergl. Fenske: Speyer, S. 123 ff.
[34] Vergl. Fenske: Speyer, S. 136.
[35] s. Uebereinkunft zwischen dem Großherzogthum Baden und der Krone Bayern über die Rectifikation des Rheinlaufes zwischen der Einmündung des Neupfotzer Durchstiches und der Ausmündung des Frankenthaler Kanals, Art. 2: Die Krone Bayern übernimmt die Ausführung aller der im Badischen Gebiete auszuhebenden Durchschnitte, daher die 1) des Schröcker Durchschnitts, des Linkenheimer Durchschnitts, des Dettenheimer Durchschnitts, des Rheinsheimer Durchschnitts Nr. 1, des Rheinsheimer Durchschnitts Nr. 2, des Rheinhäuser Durchschnitts, des Angelhofer Durchschnitts, des Ketscher Durchschnitts, des Neckarauer Durchschnitts. Das Großherzogthum Baden übernimmt die Aushebung aller der im bayerischen Gebiete auszuführenden

Davon befanden sich der Rheinhäuser- (ca. 10 km südlich von Speyer), der Mechtersheimer- (ca. 7 km südlich von Speyer), der Speyerer- und der Angelhofer-Durchstich (ca. 4 km nördlich von Speyer) im Speyerer Raum. Der Speyerer Durchstich war für 1829/30 und 1830/31 geplant[36], aber bereits beim Angelhofer Durchstich[37] zeichnete sich ab, dass der Rhein so weit östlich verlaufen würde, dass Speyer keinen Anschluss mehr zum Fluss haben würde. Im März 1826 protestierte der Speyerer Bürgermeister gegen diesen Plan, denn die Stadt sei „in den ältesten Zeiten durch ihre Privilegien auf dem Rheinstrom berühmt".[38] Auch dass durch das Absinken des Grundwassers die Grundmauern des nahegelegenen Doms beschädigt werden würden, könnte eine Befürchtung gewesen sein.[39]

Die Regierungen von Bayern und Baden akzeptierten den Einspruch und veränderten die Streckenplanung zwischen Speyer und dem Durchstich durch den Angelhofer Wald. In der Planung blieb der oberhalb der Stadt vorgesehene Speyerer Durchstich, bis er 1832 dann endgültig aufgegeben wurde.[40] Schriftlich fixiert wurde dies in Artikel 2 der „Übereinkunft zwischen der Krone Bayern und dem Grossherzogthum Baden" vom 30. Okt. 1832:

> „Es sollen mithin die Rheinrectifikationsarbeiten beider Staaten [Baden und Bayern, d.Verf.] in dem oben bezeichneten, und insbesondere in dem von Mechtersheim abwärts liegenden, Flussgebiete lediglich auf die Vollendung der schon ausgehobenen Durchstiche und auf die unumgänglich nöthige Verbindung ihrer Richtungslinie mit dem alten Flusslaufe beschränkt, und neue Rectifikationen, welche ausserhalb dieser hydrotechnischen Erfordernisse liegen, und nicht durch die absolute Nothwendigkeit und den bedrängten Zustand jenes Flussgebietes geboten werden, durchaus vermieden werden."[41]

Durchstiche, daher die 1) des Leinsheimer Durchstichs, 2) des Germersheimer Durchstichs, 3) des Mechtersheimer Durchstichs, 4) des Speyerer Durchstichs, 5) des Ottenstatter Durchstichs, 6) des Altripper Durchstichs, 7) des Friesenheimer Durchstichs, in: Bär, Franz Josef: Die Wasser- und Straßenbauverwaltung in dem Großherzogthum Baden, § 280, Karlsruhe 1870, S. 570.

[36] Verg. Honsell: Die Korrektion des Oberrheines, S. 87.

[37] Der Angelhofer Durchstich wurde zurückgestellt und erst als letzter im Jahre 1879 fertiggestellt.

[38] Zit. nach Rothmaier, Josef: Oberhausen-Rheinhausen ein Heimatgeschichtliches Lesebuch, Band II, Oberhausen-Rheinhausen 2016, S. 159.

[39] Ebd.

[40] Vergl. Fenske: Speyer, 134 ff.

[41] s. Honsell: Die Korrektion des Oberrheines, S. 89.

4.1   Die Stadt Speyer und der Rheinkreis in Restauration und Vormärz.

Als 1818 die bayerische Verfassung in Kraft trat, war dies auch für die Speyerer Bevölkerung ein Grund zum Feiern. Endlich gab es jetzt die Möglichkeit, den Willen des Volkes zu formulieren. An der Münchener Ständeversammlung nahmen zwischen 1819 und 1831 siebenundzwanzig Abgeordnete der Städte, der Märkte und der Grundbesitzer teil. Sie alle vertraten einen entschiedenen Liberalismus und eckten nicht selten bei den rechtsrheinischen Abgeordneten durch ihre ständigen Hinweise auf ihre „Institutionen" an. Die Rheinpfälzer fühlten sich nicht gehört und in allen Bereichen benachteiligt. Die positive Stimmung der Anfangsjahre wich einer Enttäuschung und dem Gefühl, dass die Bevölkerung des Rheinkreises von Alt-Bayern ausgebeutet werden würde.[42]

Als bei der Juli-Revolution 1830 in Frankreich die Bourbonen gestürzt wurden und das Bürgertum die Macht ergriff, ergriff die Schockwelle auch das östliche Nachbarland. Nicht nur in der Rheinpfalz grassierte wieder die Angst vor einer Volkserhebung und bedrohlichen Revolution.

Auf Anregung des Landkommissariats sollte 1830 in Speyer eine Bürgergarde aufgestellt werden. Sie sollte Eigentum schützen, Unruhen frühzeitig erkennen und abwenden und bedürftigen Einwohner zur Seite stehen. Der damalige Bürgermeister Heydenreich, ein gebürtiger Elsässer und ehemaliger Offizier in der französischen Armee, nahm das Projekt in Angriff. Ab Frühjahr 1831 wurde es jedoch durch die Kreisregierung blockiert.

In einem Brief im Juni 1832 beschrieb er seinen Vorgesetzten die angespannte Situation. Er wies darauf hin, dass die Frühjahrshochwasser die Ernten auf den unterhalb der Stadt liegenden Felder vernichtet habe und die Bevölkerung Hunger leide. Es herrsche „die allgemein verbreitete Überzeugung, dass von oben herab die Not des Volkes nicht gehörig berücksichtigt werde."[43]

Das von Heydenreich erwähnte Volk drückte seinen Unmut unter anderem dadurch aus, dass man wieder auf die französische Sitte des Aufstellens eines Freiheitsbaumes zurückgriff.

---

[42] Vergl. Fenske, Hans: Rheinbayern 1816-1822. Die schwierige Provinz am Rhein, in: Kermann, Joachim: Von den Nationalaufständen zur Solidarität der freien „Völker" Europas. Die europäischen Revolutionen 1830/1831 und das Hambacher Fest, in: Kermann, J., Nestler, G., Schiffmann, D. (Hg.): Freiheit, Einheit und Europa. Das Hambacher Fest von 1832. Ursachen, Ziele und Wirkungen, Ludwigshafen a.Rh. 2006, S. 60 ff.

[43] Zit. nach Fenske: Speyer: S. 144.

Innerhalb eines Vierteljahres konnte man als Zeichen des Protestes circa 60 dieser Bäume im Rheinkreis zählen.[44]

In Speyer und Umgebung war die politische Situation nun angespannt. Aufstände wurden befürchtet. Die bayerische Regierung sandte zur Sicherstellung von Ruhe und Ordnung Truppen in die Pfalz. Obwohl Heydenreich erklärte, dass keine Veranlassung zu Gesetzesverschärfungen bestünde und dass es zu „keinen Unordnungen in irgendeiner Art" gekommen sei, herrschte im Rheinkreis jetzt faktisch Kriegsrecht. Volksansammlungen konnten zum Beispiel mit Waffengewalt auseinander getrieben werden. Heydenreich lehnte die neuen Vorschriften ab und bat um Einsichtnahme in die, aus der französischen Zeit stammenden Ursprungstexte. Nachdem ihm dies verweigert worden war, veröffentlichte der Bürgermeister dann doch die neuen Polizeiverordnungen. Dieser Konflikt war zwar jetzt beigelegt, aber der nächste stand schon im Raum. Die Kreisregierung warf der Stadt fehlende Sorgfalt beim Entwurf des 1832-er Haushaltsplans vor. Heydenreich wies die Vorwürfe energisch zurück. Die Spannungen verschärften sich. Obwohl sich der Stadtrat nun auf die Seite des Bürgermeisters stellte, legte dieser als Konsequenz aus dem Verhalten der Kreisregierung sein Amt nieder. Einen Nachfolger zu finden, gestaltete sich sehr schwierig. Kein Kommunalpolitiker wollte sich zur Verfügung stellen. Erst im März 1833 hatte man endlich jemanden gefunden, unter dem es dann zu keinen wesentlichen Spannungen mehr mit der Kreisregierung kam.[45]

Der Liberalismus war im Rheinkreis so stark ausgeprägt, wie in keinem der anderen deutschen Bundesländer.[46] Der bayerische Innenminister von Oettingen-Wallerstein beschrieb wenige Tage nach dem Hambacher Fest die Situation mit den Worten:

> „ Der Rheinkreis, von einem leicht reizbaren Volke bewohnt (…), einen tüchtigen Stamm alter Jakobiner besitzend, frei wie wenige Länder, überdies durch seine unbegreifliche Zwittergesetzgebung mehr als jedes andere Bundesgebiet die Verbrecher (politische!) schirmend, war und ist offenbar als Brennpunkt anzusehen."[47]

---

[44] Vergl. Fenske: Rheinbayern 1816-1832. Die schwierige Provinz am Rhein, in: Kermann: Von den Nationalaufständen zur Solidarität der freien „Völker" Europas, in: Kermann, J., Nestler, G., Schiffmann, D. (Hg.): Freiheit, Einheit und Europa. Das Hambacher Fest von 1832, S.81.

[45] Vergl. Fenske, Speyer, S. 144 ff.

[46] Vergl. Kreutz, Wilhelm: Der pfälzischen Frühliberalismus zwischen Metternichscher Restauration und 48-er Revolution, in: Faber, Richard (Hg.): Liberalismus in Geschichte und Gegenwart, Würzburg 2000, S. 98.

[47] zit. nach ebd.

4.2   Die Speyerer Presse

Zu den ersten Dörfern, die sich bereits 1801 gegen die damals noch von französischer Seite angedachten Flussbegradigung wehrten, gehörte das zur damaligen Zeit von Frankreich besetzte Dorf Rheinsheim. Um Gewalttätigkeiten zu verhindern, befahl der französische Kommandant den Abbruch der Arbeiten.[48] Der erste Spatenstich im badischen Gebiet fand 1817 bei Knielingen, knapp 50 km südlich von Speyer, statt. Die tätlichen Übergriffe der Dorfbevölkerung mussten dort mit einem Einsatz von Soldaten beendet werden.

Ob und inwieweit die aufgetretenen Konflikte einer breiten Öffentlichkeit bekannt wurden, ist unklar. Erst 1826, nach der am 14. November 1825 ratifizierten Übereinkunft zwischen Baden und Bayern, scheint man sich in Speyer mit der Rheinbegradigung auseinandergesetzt zu haben. Als sich dann herausstellte, dass sich durch Tulla's Plan der Flussverlauf zu Ungunsten der Stadt verändern würde, wurde die Rektifikation zu einem öffentlichen Thema.

Dieser anscheinend vorliegende Informationsmangel könnte mit der damaligen politischen Kommunikationssituation in Zusammenhang stehen. Zwar gab es bereits seit dem 17. Jh. gedruckte Nachrichten, aber erst mit Beginn des 19. Jh. wurden Zeitungen zum Leitmedium einer breiten Öffentlichkeit.[49]

Nach 1815 musste sich die Presse der Zensur beugen. In der Beilage zur bayerischen Verfassungsurkunde vom 26. Mai 1818 wurde in § 1 zwar eine begrenzte Öffentlichkeit gestattet[50], in § 2 wurden von dieser Freiheit jedoch ausgeschlossen „alle politische Zeitungen und periodische Schriften politischen oder statistischen Inhalts. Dieselben unterliegen der dafür angeordneten Censur"[51]. Noch stärker eingeschränkt wurde die Berichterstattungsmöglichkeit nach dem Hambacher Fest durch das bei den Karlsbader Beschlüssen verfasste Bundes-Preßgesetz vom 20. September 1819:

---

[48] Vergl. Löbert,Traude: Die Oberrheinkorrektion in Baden. Zur Umweltgeschichte des 19. Jahrhunderts. Mitteilungen des Instituts für Wasserbau und Kulturtechnik der Universität Karlsruhe (TH), Heft 193, Karlsruhe 1997, S. 72.

[49] Vergl. Geisthövel, Alexa: Restauration und Vormärz, 1815-1847, Paderborn 2008, S. 193.

[50] s. www.verfassungen.de/de/by/bayern18-index.htm: „§ 1. Den offenen Buchhandlungen, und denjenigen, welche zu diesem Gewerbe obrigkeitlich berechtigt sind, ist in Ansehung der bereits gedruckten Schriften freier Verkehr, so wie den Verfassern, Verlegern und berechtigten Buchdruckern im Königreiche in Ansehung der Bücher und Schriften, welche sie in Druck geben wollen, vollkommene Preßfreiheit gestattet. Sie sind hiernach nicht verbunden, solche Schriften einer Censur oder obrigkeitlichen Genehmigung zu unterwerfen, wenn sie nicht allenfalls bei kostbaren Werken, zur Sicherung ihrer bedeutenden Auslagen, selbst darum nachsuchen wollen."

[51] s. www.verfassungen.de/de/by/bayern18-index.htm .

„§ 1. So lange als der gegenwärtige Beschluß in Kraft bleiben wird, dürfen Schriften, die in der Form täglicher Blätter oder heftweise erscheinen, deßgleichen solche, die nicht über 20 Bogen im Druck stark sind, in keinem deutschen Bundesstaate ohne Vorwissen und vorgängige Genehmhaltung der Landesbehörden zum Druck befördert werden."[52]

Das in Speyer in dieser Zeit verlegte „Speyer Anzeig-Blatt" veröffentlichte überwiegend amtliche Nachrichten, Anzeigen und widmete sich nicht den lokalen Themen, genauso wie das „Intelligenzblatt des Kgl. Bairischen Landkreise".

Das seit 1814 als „Speyerer Zeitung" erscheinende Informationsblatt hatte anfangs ebenfalls nur einen geringen redaktionellen Teil. Bei dem zwei Jahre später erscheinenden und vergrößerten Nachfolgeblatt „Neue Speyerer Zeitung" kam es dann allerdings zu deutlichen Problemen mit der Zensur.[53] Ein enger Mitarbeiter des österreichischen Staatskanzlers Metternich bezeichnete das Blatt als „die frechste aller in Deutschland erscheinenden Zeitungen"[54]. Der Redakteur Butenschoen, ein ehemaliger Jakobiner, kämpfte für die Beibehaltung der sogenannten „Institutionen"[55] und der darin zugesicherten Pressefreiheit nach französischem Vorbild. Nachdem die bayerische Regierung Druck auf ihn ausgeübt hatte, legte Butenschoen 1821 sein Amt nieder. Nun übernahm der Herausgeber Jakob Christian Kolb selbst die Berichterstattung und führte sie mit einem vorsichtigeren Kurs weiter. Als Kolb 1827 starb, trat sein Sohn Georg Friedrich die Nachfolge an.[56] Er setzte sich nicht nur explizit mit lokalen Problemen auseinander, sondern er gehörte auch zu den Mitarbeitern des von Karl von Rotteck, einem liberalen Politiker, herausgegebenen „Staatslexicon". In seinen Artikeln vertrat Kolb den Fortschrittsglauben der Speyerer Journalisten und pries die Freiheitsgedanken der napoleonischen Ära.[57] Am 18. April 1832 fand sich in der „Neuen Speyerer Zeitung" eine Anzeige, die zur Feier des Jahrestages der bayerischen Verfassung auf das Hambacher Schloss nach Neustadt an der Haardt[58] einlud.[59] Nach dem Hambacher Fest allerdings musste Kolb seinen Ton deutlich mäßigen. Der bayerische König Ludwig I. hatte aufgrund der revolutionären Stimmung am 28. Januar 1831 ein Edikt erlassen, das eine Verschärfung der Pressezensur beinhaltete. Der Protest

---

[52] s. www.verfassungen.de/de/de06-66/karlsbad19.htm
[53] Vergl. Fenske, Speyer, S.155
[54] s. ebd.
[55] Vergl. Scherer, Karl: Zum Verhältnis Pfalz-Bayern in den Jahren 1816-1848, in: Fenske, Hans ((Hg.): Die Pfalz und Bayern 1816-1956, Speyer 1998, S. 10.
[56] Vergl. Fenske: Speyer, S. 155 f.
[57] Vergl. Kreutz, Wilhelm: Der pfälzischen Frühliberalismus zwischen Metternichscher Restauration und 48-er Revolution, in: Faber, Richard (Hg.): Liberalismus in Geschichte und Gegenwart, Würzburg 2000, S. 104.
[58] Heute: Neustadt an der Weinstraße
[59] Vergl. Ziegler, Hannes: Patrioten auf dem Schloss. Das Hambacher Fest, in: Kermann, J., Nestler, G., Schiffmann, D. (Hg.): Freiheit, Einheit und Europa. Das Hambacher Fest von 1832, S 211.

der pfälzischen Landtagsabgeordneten bewirkte allerdings, dass er dies bereits im Juni des gleichen Jahres wieder zurücknehmen musste.[60]

Abgerundet wurde das Medienangebot durch „Der Katholik" und „Der Rheinbayer", die beide die Interessen des katholischen Bevölkerungsanteils widerspiegelten. Der leicht liberal ausgerichtete „Rheinbayer" musste jedoch bereits 1835 wieder eingestellt werden, da dessen Redakteur nach Ansicht des Frankenthaler Bezirksgerichts einen beleidigenden Artikel verfasst hatte.[61]

5.   Der politische Hintergrund

Durch den Friedensvertrag von Lunéville (1801) wurde das linke Rheinufer und somit auch die Stadt Speyer Teil der Französischen Republik. Das rechtsrheinische Gebiet zwischen Basel und Mainz gehörte nach dem Reichsdeputationshauptschluss von 1803 zum Kurfürstentum Baden und der Landgrafschaft Hessen-Darmstadt. Beide Staaten wurden Mitglieder des von Napoleon 1806 gegründeten Rheinbunds (1806-1813) und dadurch zu Großherzogtümern. Nach den napoleonischen Kriegen und auf Beschluss des Wiener Kongresses (1815) wurde die Pfalz dem Königreich Bayern zugeordnet.

In der nun folgenden, sogenannten „Restaurationszeit" wollten die Regierungen der Staaten des Deutschen Bundes die Umwälzungen der Revolutionszeit revidieren und die alte Ordnung wieder herstellen. Gegen den von oben ausgeübten Druck begann man sich zu wehren. Das unter französischer Herrschaft kennengelernte Ideal der Freiheit-Gleichheit-Brüderlichkeit hatte in den Menschen ihre Spuren hinterlassen. Die Vorstellung von einem gemeinsamen Vaterland, einer „deutschen Nation" und einer Mitbestimmung des Volkes hatte sich in Kopf und Herz eingeprägt. Studenten, die den Krieg gegen Napoleon miterlebt hatten, organisierten sich in Burschenschaften. Das von der Jenaer Burschenschaft 1817 organisierte Wartburgfest wurde zu einer politischen Veranstaltung mit Bücherverbrennung und Demonstrationen gegen die Herrschenden. Das anschließende Verbot der Burschenschaften führte zu deren Ausbreitung über Thüringen hinaus in die anderen deutschen Staaten. Ein tödlich endendes Attentat auf den Dichter August von Kotzebue fand 1819 in Mannheim statt.

---

[60] Vergl. http://www.demokratiegeschichte.eu
[61] Vergl. Fenske: Speyer, S.156.

Mit den darauf folgenden „Karlsbader Beschlüssen" vom August 1819 wurden Überwachungsorgane und Pressezensur eingeführt. Die Versammlungsfreiheit wurde eingeschränkt und dem Bund wurde durch die „Exekutionsordnung" erlaubt, bei den einzelnen Staaten seinen Willen sogar mit militärischen Mitteln durchzudrücken.[62]

In politischer Hinsicht brodelte es schon seit Jahren im Land, da das Verfassungsversprechen vom 8. Juni 1815 in vielen Staaten immer noch nicht eingelöst worden war. Seit dem Wartburgfest empörten sich nicht nur die Studenten gegen die Obrigkeit. Die nachfolgenden staatlichen Repressalien sollten zwar der Unterdrückung der oppositionellen Bewegungen dienen, befeuerten die Situation jedoch erst recht. In Preußen hatte man dem Volk bereits 1815 eine Verfassung versprochen, aber erst 1850 wurde sie verwirklicht. Die ehemaligen Staaten des Rheinbundes standen der Forderung des Bürgertums wesentlich offener gegenüber. Baden und Bayern erhielten 1818 eine landständische Verfassung.[63] Während die sogenannte „vereinbarte" Verfassung Badens den Volksvertretern ein Mitspracherecht gewährte, war die „oktroyierte" Verfassung Bayerns eine einseitig vom Landesherrn erlassene Konstitution, in der sich die Landstände seinem Willen zu beugen hatten.[64]

Immer wieder gab es Konflikte zwischen den beiden Kammern. Die Vertreter des Volkes erwarteten unter anderem eine Erweiterung ihrer Mitbestimmungsrechte, Aufhebung der Zensur und eine Reform der Justiz. Bedingt durch die anscheinend unüberwindbaren Differenzen über die Inhalte der Heeresverfassung löste der Großherzog von Baden 1822 den Landtag auf und handelte eigenmächtig. Durch die parlamentarischen Rückschläge entmutigt, verlegte sich die Opposition auf die Gründung von nach außen hin als unpolitisch geltende Vereine.[65]

Nachdem die restaurativen Kräfte wieder die Oberhand gewonnen hatten und das Verfassungsversprechen nur sehr kleinmütig eingelöst worden war, gor es in der Bevölkerung und die Regierenden fürchteten um ihre Macht. Die trotz des Verbots noch aktiven Burschenschaften, die Existenz der politisch motivierten Vereine und die innereuropäischen Aufstände und Revolutionen[66] führten in den deutschen Staaten zu der Angst vor einem

---

[62] Vergl. Huber, Ernst Rudolf: Deutsche Verfassungsgeschichte seit 1789, Bd. 1 Reform und Restauration 1789 bis 1830, Stuttgart u.a., 1951²; S. 318.

[63] Vergl. Geisthövel: Restauration und Vormärz, S. 23 f.

[64] Vergl. Huber: Deutsche Verfassungsgeschichte seit 1789, Bd. 1, S. 318.

[65] Vergl. Geisthövel: Restauration und Vormärz, S. 23 ff.

[66] Vergl. Kermann, Joachim: Von den Nationalaufständen zur Solidarität der freien „Völker" Europas. Die europäischen Revolutionen 1830/1831 und das Hambacher Fest, in: Kermann, J., Nestler, G., Schiffmann, D. (Hg.): Freiheit, Einheit und Europa. Das Hambacher Fest von 1832. Ursachen, Ziele und Wirkungen, Ludwigshafen a.Rh. 2006, S. 9 ff.: 27.-29. Juli 1830 Revolution in Frankreich; ab Juli 1830 Verfassungskampf in der Schweiz; September 1830: Revolution in Belgien; 1831 Aufstände und Versuch einer Revolution in Italien;

erneuten politischen Umbruch. Als dies dann tatsächlich im Juli 1830 in Paris wieder eintrat, erlebten die deutschen Fürsten ein furchteinflößendes Déjà-vu.

Im Deutschen Bund war der Verfassungskampf noch nicht zu Ende, zumal in Bayern und Baden die Liberalen bei Wahlen einige Erfolge erzielt hatten. In Baden wurde 1831 die Vorzensur abgeschafft, in Bayern allerdings geschah das Gegenteil. Ein Studentenaufstand in München führte zu einem restriktiven Pressegesetz. Der Opposition gelang es jedoch, dieses Gesetz wieder aufzuheben. Im Dezember 1831 sah sich Ludwig I. durch die Widerstände veranlasst, den Landtag aufzulösen. Jetzt verlagerte auch die bayerische Opposition ihre Aktivitäten in die Öffentlichkeit. Im Januar 1832 wurde in Zweibrücken der Deutsche Preß- und Vaterlandsverein gegründet, in dem liberale Ideen verbreitet wurden und der sich für verfolgte Journalisten einsetzte. Bereits am 02.März wurde der Verein wieder verboten. Nicht nur dieses Verbot, sondern auch die seit längerem bestehende Verärgerung über die hohen Steuerabgaben, das Zollsystem mit der 1829 eingeführten Maut und die empfundene Zurücksetzung der Pfälzer in der Beamten- und Offizierslaufbahn, führten zu dem Aufruf zu einem gemeinsamen Fest auf der Schlossruine Hambach in „Neustadt an der Haardt im baierischen Rheinkreis".[67]

5.1   Das Hambacher Fest

Ihren Höhepunkt erlebte die deutsche Oppositionsbewegung mit dem Hambacher Fest (27. Mai bis 01. Juni 1832).

Wer die Anzeige, die am 18. April 1832 in der Neuen Speyerer Zeitung aufgegebenen wurde, veranlasst hatte, ist nicht nachvollziehbar. Zwei liberale Publizisten, Philipp Jakob Siebenpfeiffer und Johann Georg August Wirth, nahmen sie als Anlass für eine erneute Einladung und eine Umdeutung der Feier. In dem von Siebenpfeiffer am 20.04.1832 veröffentlichten Text heißt es:

> „In öffentlichen Blättern, namentlich der Speierer Zeitung, ist eine Einladung zu einem Constitutionsfeste auf dem Hambacher Schlosse erschienen. Solche ist ohne Auftrag ergangen; mit Beziehung auf nachstehenden Aufruf, bitten wir, jene Einladung als nicht geschehen zu betrachten."[68]

1831 – 1832: verschiedene Revolten zur Durchsetzung einer Verfassungsreform in Großbritannien; 1830-1834: Konflikte zwischen den liberalen und reaktionären Kräften in Spanien und Portugal; 1830: Unruhen und Aufstände in Ungarn, 1830-1832: Aufstand in Polen.

[67] Vergl. Geisthövel: Restauration und Vormärz, S. 33 f.

[68] s. Wirth, J.G.A.: Das Nationalfest der Deutschen zu Hambach, Neustadt a.H., 1832, Bd. 1, S. 5.

Die Feier auf dem Schloss sollte kein „Fest des Dankes" für die bestehende Verfassung sein, denn dazu sei „kein Anlaß vorhanden". Es sollte „ein Fest der Hoffnung" werden und aufrufen zum „mannhaften Kampf, dem Kampfe für Abschüttelung innerer und äußerer Gewalt, für Erstrebung gesetzlicher Freiheit und deutscher Nationalwürde."[69]

Siebenpfeiffers Aufruf „Alle herbei zu friedlicher Besprechung, inniger Erkennung, entschlossener Verbrüderung für die großen Interessen, denen ihr eure Liebe, denen ihr eure Kraft geweiht."[70] folgten 20000 bis 30000 Personen. Sie trafen sich auf dem Neustadter Markt und zogen in friedlichen und geordneten Reihen hoch zur Schlossruine. Nicht nur Rheinpfälzer hatten sich eingefunden, sondern auch Studenten aus den nahen Universitäten. Dazu kamen interessierte Franzosen und durchreisende Polen, welche aufgrund ihrer politischen Verfolgung nach dem Aufstand aus ihrem Heimatland fliehen mussten. In den emotionalen Reden kamen die Forderungen nach friedlichen konstitutionellen Reformen ebenso zum Ausdruck wie der Ruf zum bewaffneten Aufstand. Die friedliche Feier hatte sich zu einer politischen Protestveranstaltung entwickelt, denn „die Natur der Herrschenden ist Unterdrückung, der Völker Streben ist Freiheit".[71]

> „Wir selbst wollen, wir selbst müssen vollenden das Werk, und, ich ahne, bald, bald muß es geschehen, soll die deutsche, soll die europäische Freiheit nicht erdrosselt werden von den Mörderhänden der Aristokraten".[72]

Als Reaktion darauf kam es in der Zeit danach zu Festnahmen zahlreicher Festteilnehmer und zu Truppeneinquartierungen in der Pfalz. Der Deutsche Bund verstärkte nochmals seine Repressionspolitik. In den „Sechs Artikeln" vom 28. Juni wurden wichtige Rechte der landständischen Abgeordneten eingeschränkt und in den „Zehn Artikeln" vom 05. Juli wurden politische Versammlungen, Vereine und Feste verboten und eine verschärfte Pressezensur festgelegt.[73]

Die nun folgende Entwicklung gipfelte in der Märzrevolution von 1848, bei der die Restaurationspolitik überwunden werden sollte und die mit der Niederschlagung der letzten aufständischen Truppen am 23.Juli 1849 in Rastatt gescheitert war.

---

[69] Ebd., S. 5.
[70] Ebd., S. 6.
[71] Ebd. S. 39.
[72] s. ebd., S. 40.
[73] Vergl. Geisthövel: Restauration und Vormärz, S. 34 ff.

6.   Zeitgenössische Konflikte.

Bereits als 1801 beim Frieden von Lunéville beschlossen wurde, dass der Rhein sowohl Staats- als auch Eigentumsgrenze sein sollte, begannen sich die Rheinbewohner gegen die geplanten Durchstiche zu wehren. Ganze Dörfer und Städte sahen ihre wirtschaftlichen Interessen bedroht und fürchteten um ihren Grund und Boden, den sie durch die Flussbegradigung eventuell verlieren würden.[74].

Die damals zu Frankreich gehörenden Dörfer Rheinsheim und Leimersheim wehrten sich sogar gewaltsam dagegen.[75] Auch die Bewohner der Gemeinde Knielingen wollten die in ihrer Gemarkung vorgesehene Rektifikation nicht akzeptieren. Der erste Durchstich war für 1812, zu dieser Zeit noch von französischer Seite, dem Magistrat du Rhin, geplant.[76] Die Dorfbewohner blockierten jedoch den Beginn der Arbeiten. Sie befürchteten den Verlust ihres linksrheinisch gelegenen Gemeindegebietes an die damals zu Frankreich gehörende Gemeinde Wörth und sahen ihre eigenen Fischgründe bedroht. Als französische Ingenieure 1813 mit den Arbeiten beginnen wollten, stießen sie auf „thätlichen Widerstand" und wurden „mehrfach bedroht". Der „Maire von Wörth ward von Knielinger Einwohnern gröblich misshandelt".[77] Für die befürchteten Landverluste forderten die Ortsvorsteher einen finanziellen Ausgleich[78] und obwohl ihnen nach den Pariser Verträgen von 1814/1815 der linksrheinische Besitz zugesichert wurde, hielt ihr Protest weiter an. Zusätzlich schürte die europaweite Hungerkatastrophe[79] und das Hochwasser der Jahre 1816/1817 die Existenzangst der Dorfgemeinde. 1817 mussten militärische Kräfte eingesetzt werden, um das staatliche Vorhaben durchsetzen zu können.[80]

1819 erfuhr Preußen erstmals durch Zeitungsberichte von der Rheinbegradigung. Das Ministerium für Inneres reagierte sofort und warnte vor möglichen nachteiligen Folgen für die preußische Rheinprovinz. Die unter Friedrich II. (1712-1786) durchgeführte Melioration des Oderbruchs hatte am Endpunkt des begradigten Flussverlaufs zu einer erhöhten Überschwemmungsgefahr und zu einer erschwerten Schifffahrt geführt. Diese negativen Erfahrungen übertrug man sofort auf die Situation am Rhein und befürchtete das Gleiche für die

---

[74] Vergl. Bernhardt: Die Rheinkorrektion, S.77.
[75] Vergl. Löbert: Die Oberrheinkorrektion in Baden, S. 72.
[76] Vergl. Honsell: Die Korrektion des Oberrheins,S. 6.
[77] s. ebd.
[78] Vergl. Löbert: Die Oberrheinkorrektion in Baden, S. 74 f.
[79] 1816 war das „Jahr ohne Sommer".
[80] Vergl. Bernhardt, Christoph: Zeitgenössische Kontroversen über die Umweltfolgen der Oberrheinkorrektion im 19. Jahrhundert, in: Zeitschrift für die Geschichte des Oberrheins 146, Jhg. 1998, S. 297.

Rheinprovinz.[81] Zu einem vorübergehenden Stopp der Arbeiten führten um diese Zeit nicht nur die preußischen Einsprüche, sondern auch erhebliche Finanzierungsprobleme.[82]

> „Die Ausführung aller Unternehmen dieser Art stieß nemlich auf viele Hindernisse, vor Allem fehlte es den badischen („,) Ingenieuren längere Zeit an den erforderlichen Geldmitteln, um die Bauten mit Energie und sichtlichem Erfolge zu betreiben".[83]

Als 1825 die Rheinbegradigung wieder aufgenommen werden sollte, wurde die preußische Oberbaudeputation von ihrem Vorsitzenden Johann Albert Eytelwein beauftragt, ein Gutachten zu erstellen, das die Möglichkeit bieten, die weitere Begradigung zu verbieten.

Unterstützend für die preußischen Bedenken wirkten die Schriften des in Mannheim lebenden Holländers van der Wyck. Auch er sah negative Folgen in einer durchgehenden, wie von Tulla geplanten Rektifikation.

> „Stauet sich das Wasser gegen das Bingerloch, (…) so ist es unfehlbar, daß in dem Maaße, in dem das Wasser oberhalb in die Höhe getrieben wird, diese reißende Schnelligkeit, welche den Strom in wilde Fluthen verwandelt, unterwärts bedeutend vermehrt werden muss."[84]

Flussbegradigungen lehnte van der Wyck zwar nicht grundsätzlich ab, riet aber zu einem langsameren Vorgehen. Man solle erst einmal abwarten, bis man Erfahrungen mit einzelnen wenigen Durchstichen gemacht habe und danach erst über die weitere Vorgehensweise entscheiden. Dies entsprach nicht nur den preußischen Vorstellungen, sondern auch der traditionellen Wasserbaulehre.[85]

Zusätzlich sah van der Wyck in der Mäandrierung des Oberrheins ein Naturgesetz, das akzeptiert werden sollte: „Man findet in der Natur keinen geraden Strom. Krümmungen sind den Flüssen und Strömen so eigenthümlich, daß man, ohne gegen die Vernunft zu stoßen, annehmen kann, daß hierin ein Naturgesetz liegt".[86]

Im gleichen Jahr veröffentlichte Tulla seinen Berechnungen in „Ueber die Rektifikation des Rheins, von seinem Austritt aus der Schweiz bis zu seinem Eintritt in das Großherzogtum Hessen", widersprach damit den preußischen Befürchtungen und stellte die Mäanderdurchbrüche ebenfalls als naturgesetzlich dar.

---

[81] Vergl. Bernhardt: Zeitgenössische Kontroversen, S. 300.
[82] Vergl. Honsell: Die Korrektion des Oberrheins, S. 9.
[83] s. Bär, Franz Josef: Die Wasser- und Straßenbauverwaltung in dem Großherzogthum Baden, Karlsruhe 1870, S. 568.
[84] s. van der Wyck, H. J. : Der Mittelrhein und Mannheim in hydrotechnischer Hinsicht, Mannheim 1825,S. 38.
[85] Vergl. Bernhardt: Zeitgenössische Kontroversen, S. 299 ff.
[86] s. van der Wyck: Der Mittelrhein und Mannheim, S. 22.

Im Dezember 1826 legte Preußen bei der bayerischen und badischen Regierung offiziell Einspruch gegen die Tulla'schen Pläne ein. Wegen der schnelleren Flussgeschwindigkeit befürchtete man unter anderem Uferabbrüche. Auf Grund der verstärkten Sohlenerosion würde es außerdem zu starken Ablagerungen von angeschwemmten Kies- und Sandmassen kommen und dadurch zu einer zunehmenden Überflutungsgefahr. Durch die Grundwasserabsenkung in den Ufergebieten, würde diese ausdörren und nicht mehr nutzbar sein. Zwischen Bingen und Bonn erwartete man verstärkte Eisstopfungen und wegen der durch die Rheinbegradigung schnelleren Ableitung des Flusswasser eine erhöhte Hochwassergefahr.[87] Wegen der massiven Widerstände veranlasste Tulla im Juli 1827 selbst einen vorläufigen Stopp der Bauarbeiten zwischen Speyer und Mannheim.[88]

Im Jahr 1829 sprach sich der preußische König Friedrich Wilhelm III. sogar persönlich gegen das Vorhaben aus. Auch das Großherzogtum Hessen-Darmstadt und die Niederlande teilten die Befürchtungen. Die Niederlande legte 1829[89] Einspruch ein, Hessen-Darmstadt dann 1832.[90]

Um die andauernden Kontroversen zu entschärfen und ein gemeinsames Vorgehen zu ermöglichen, tagte im November 1830 in Speyer eine Sachverständigenkommission, die sich aus Wasserbauexperten der Anliegerstaaten zusammensetzte. Es kam allerdings zu keinem Ergebnis.

Eine endgültige Entscheidung in Bezug auf das weitere Vorgehen wurde dann im gleichen Jahr in der Mannheimer Schiffahrtsakte schriftlich fixiert. Hier wurde festgelegt, dass die erforderlichen Bauarbeiten nur nach Zustimmung aller Uferstaaten durchgeführt werden sollten. Die Verabschiedung der Schifffahrtsakte hatte sich über Jahre hinausgezögert, so dass Baden und Bayern in den Jahren 1825 bis 1827 zahlreiche Durchstiche in die Wege leiten konnten. Vier bereits in Arbeit befindliche Durchstiche sollten nun beendet, vier andere – darunter der Speyerer Durchstich – sollten aufgegeben werden.[91]

---

[87] Vergl. Bernhardt: Zeitgenössische Kontroversen, S. 302.
[88] Vergl. Bernhardt, Christoph: Im Spiegel des Wassers. Eine transnationale Umweltgeschichte des Oberrheins (1800-2000), Köln u.a.2016, S. 169.
[89] Vergl. Honsell: Die Korrektion des Oberrheins, S. 15
[90] Ebd., S. 16.
[91] Ebd., S. 15

Während Max Honsell in Betracht zog, „daß die Befürchtungen, welche jene Einsprachen hervorgerufen hatten, geschwunden waren"[92] und sich nicht genauer dazu äußerte, stellte Bernhardt die Vermutung in den Raum, dass Preußen das Hochwasserrisiko bei den Staaten Baden und Bayern belassen wollte. Die bei der Odermelioration gemachten schlechten Erfahrungen wollte man lieber den Verursachern überlassen.[93]

7.   Schlussbetrachtung

Die am Hochufer des Rheins gegründet Stadt erstreckte sich im 19. Jahrhunderts vom Dom ausgehend Richtung Westen. Einzig der Hafenbereich lag in den Rheinauen. Das Hochufer wirkte wie ein Damm gegen die gefürchteten Überschwemmungen.

Die Stadtbewohner fürchteten die regelmäßig stattfindenden, manchmal sogar ganze Dörfer zerstörenden Hochwasser wohl nicht. Ihnen war der Fluss keine Bedrohung, sondern bot durch den Hafen einen wirtschaftlichen Zugewinn. Als zu Beginn des 19. Jahrhunderts die Rheinregulierung beschlossen wurde und die Stadt erkannte, dass man sie in ihrer damaligen schlechten wirtschaftlichen Situation auch noch um ihren Status als Hafenstadt und somit um die dadurch möglichen Einnahmen berauben wollte, wehrte sie sich gegen diesen Plan. Neben Mannheim war sie die einzige Stadt am Oberrhein, die die Rheinregulierung in ihrer Umgebung konsequent ablehnte und sich auch durchsetzte.[94]

Der wesentliche, wenn nicht sogar der ausschlaggebende Faktor für den Erfolg der Stadt war die Zeit. Die Zeit sowohl in ihrem politischen Verlauf als auch in Bezug auf die Dauer der Arbeiten am Fluss.

Die Rheinbegradigung zog sich über sechs Jahrzehnte dahin. Anfangs waren es die napoleonischen Kriege, die die 1812 begonnenen und nach dem Widerstand der Knielinger Dorfbewohner abgebrochenen Arbeiten vorübergehend beendeten. Nach der Gründung des Deutschen Bundes lag die Rheinrektifikation in den Händen des Königreichs Bayern und des Großherzogtums Baden.

---

92 s. ebd., 16.
93 Vergl. Bernhardt: Zeitgenössische Kontroversen, S. 308.
94 Bernhardt, Christoph: Die Begradigung des Oberrheins im Rückblick, in: Hoffmann, Albrecht (Hg.): Gezähmte Flüsse – besiegte Natur, S. 77.

Jetzt verhinderten die Proteste der betroffenen Gemeinden und die Einsprüche der flussabwärts liegenden Staaten einen durchgehenden Projektverlauf. Immer wieder waren es auch Finanzierungsschwierigkeiten, die die Rektifikationsarbeiten verzögerten. Zu der Situation im Sommer 1828 vermerkte Honsell: „Die von Baden auszuführenden Arbeiten waren wegen Erschöpfung der budgetmäßigen Mittel theils eingestellt, theils nur schwach in Betrieb".[95]

Der finanzielle Aspekt könnte auch bei der Bewilligung der Speyerer Bitte eine Rolle gespielt haben. Honsell erwähnte die beträchtliche Höhe der zu leistenden Ausgleichszahlungen, da die durch den Durchstich betroffenen Grundstücke wertvoller Grund und Boden waren.[96] Zusätzlich hätte sich - falls die Einnahmen durch den Hafen entfallen würden – auch der von der Stadt an München zu überweisende Steuerbetrag reduziert. Im Gegensatz dazu stand damals allerdings die Hoffnung auf die Anbindung an den Rhein-Rhone-Kanal und die Aussicht auf die Einrichtung eines Freihafens. Damit hätte sich die finanzielle Situation der Stadt wahrscheinlich sogar zum Besseren entwickelt und in München hätte man mit höheren Steuerzahlungen rechnen können.

Das Speyerer Bürgertum kämpfte für die Aussicht auf eine Verbesserung der wirtschaftlichen Lage und die Beibehaltung des Flusszugangs. Die dem Liberalismus zugewandten Stadtbürger waren eingebunden in die politische Stimmung der Zeit, in der überall im Deutschen Bund bei den regierenden Fürsten die Angst vor einer Revolution nach französischen Vorbild wieder aufkeimte.

Mit den anfänglichen Widerständen des Dorfes Rheinsheim hatte man sich in Speyer wohl noch nicht befasst, da dies in die Zeit der französischen Besatzung fiel. Die Knielinger Proteste des Jahres 1817 jedoch hätten durch eine existierende politische Medienkultur zeitnah in Speyer bekannt werden können. Die Pressezensur und die somit vorhandenen Informationsdefizite verhinderten eine kritische Auseinandersetzung mit dem aktuellen Thema.

Falls sich Speyer 1817 sofort gegen die Flussbegradigung gewehrt hätte, hätte keine Möglichkeit bestanden, sich mittels einer Bürgervertretung gegen den Herrscherwillen durchzusetzen. Die Proteste wären wahrscheinlich – ebenso wie in Knielingen – mit Hilfe staatlicher Gewalt

---

[95] s. Honsell: Die Korrektion des Oberrheins, S. 14.

[96] s. ebd, S. 15: „Endlich schien auch eine Ermässigung des Kostenaufwandes wünschenswerth, der namentlich für die Durchstiche bei Speyer und Neckarau, weil dieselben werthvolle Güter durchschnitten, eine nicht vorhergesehene Höhe angenommen hätte".

niederdrückt und beendet worden. Die Knielinger Gemeinde hatte „verbindlich zum Wohle aller, selbst dann mit zu wirken, wenn sie nicht selbst interessiert ist."[97]

Für den, den aufgeklärten Absolutismus vertretenden Landesherrn Karl Friedrich, war der Widerstand der Dorfgemeinde kein Grund, sich mit deren Argumenten auseinander zu setzen. Seine physiokratische Einstellung[98] kannte weder die Volkssouveränität noch das Widerstandsrecht.[99] Lt. Löbert „kritisiert [die Physiokratie, d.Verf.] die traditionelle Ordnung nicht, sondern funktionalisiert sie in ihrem Zugriff auf die Landwirtschaft".[100]

1826 war die Situation eine andere. Im bayerischen Staat gab es seit 1818 eine landständische Verfassung. Erstmals traten die Landstände 1819 zusammen. Der Stadtrat von Speyer bestand aus 17 Personen, die dem Großbürgertum und dem gehobenen Mittelstand angehörten.[101] Ihre Abgeordneten hatten in der zweiten Kammer der Ständeversammlung jetzt eine Stimme bekommen.[102] Hier konnten sie die Interessen ihrer Stadt, ihr demokratisches und liberales Gedankengut, zum Ausdruck bringen.

Langewische beschreibt diese, vom politisch engagierten Bürgertum vertretene Einstellung mit den Worten:

> „Das Doppelziel bürgerlicher Verbesserung - Emanzipation von der Knechtschaft und Integration in eine rationale neue Ordnung - hatte auch gesellschaftliche und politische Auswirkungen. Was Bildung für die Kultur leisten wollte, sollte die soziale Reform für die Sphäre der bürgerlichen Gesellschaft erreichen: auch hier sollten sinnlose Zwänge aufgehoben werden, um die Begabung und produktiven Kräfte der Menschen freizusetzen."[103]

Als ein „sinnloser", für die wirtschaftliche Entwicklung der Stadt gefährlich werdender Zwang, sah man in Speyer wohl die geplante Abänderung des Rheinverlaufs nach Tullas Vorgaben.

---

[97] Notiz aus den Aktenauszügen des Generallandesarchivs Karlsruhe (GLA) 237/24323, zitiert nach Löbert: Die Oberrheinkorrektur in Baden, S. 23.

[98] Physiokratie: altgriechisch „Herrschaft der Natur". Physiokratismus: volkswirtschaftliche Theorie des 18. Jh.s, nach der Boden und Landwirtschaft die alleinigen Quellen des Reichtums sind.

[99] Vergl. Löbert: Die Oberrheinkorrektur in Baden, S. 19 f.

[100] s. ebd. S. 20.

[101] Vergl. Fenske: Speyer, S. 142.

[102] Vergl. § 7 der Verfassungsurkunde für das Königreich Bayern vom 26. Mai 1818: „Die zweite Kammer der Stände-Versammlung bildet sich a) aus den Grundbesitzern, welche eine gutsherrliche Gerichtsbarkeit ausüben und nicht Sitz und Stimme in der ersten Kammer haben; b) aus Abgeordneten der Universitäten; c) aus Geistlichen der katholischen und protestantischen Kirche; d) aus Abgeordneten der Städte und Märkte; e) aus den nicht zu a) gehörigen Landeigenthümern."

[103] s. Langewiesche, Dieter: Liberalismus im 19. Jahrhundert. Deutschland im europäischen Vergleich, Göttingen 1988, S. 32.

Zusätzlich zum dem befürchteten, durch den Verlust der Hafeneinnahmen entstehenden wirtschaftlichen Niedergang musste sich die Stadt mit einer Hungersnot und steigenden Lebenshaltungskosten auseinander setzen. Es rumorte nicht nur in Speyer und nicht nur im Rheinkreis. Im ganzen Deutschen Bund und im Großteil von Europa herrschte eine explosive Stimmung.

Für die Bewilligung der Speyerer Bitte, der Stadt nicht den Rhein zu entziehen, war wahrscheinlich nicht nur der finanzielle Aspekt oder das Wohlwollen der jeweiligen Landesherren verantwortlich, sondern es war wohl auch politisches Kalkül. Zwischen dem Hambacher Fest und der „Übereinkunft zwischen der Krone Bayern und dem Grossherzogthum Baden" vom 30. Okt. 1832 lagen gerademal fünf Monate. War es die Angst vor einem weiteren Revolutionsgrund, die Furcht, dass die franzosenfreundlichen Rheinpfälzer, dem laut dem damaligen bayerischen Innenminister „leicht reizbaren Volk", gegen die Landesherrschaft Bayern aufbegehren und sich eventuell sogar dem nun großbürgerlich geprägten Frankreich zuwenden könnten? Betrachtet man das politische Geschehen bis zu diesem Zeitpunkt, so ist ein Zusammenhang naheliegend.

8.   Sekundärliteratur

Bernhardt, Christoph: Zeitgenössische Kontroversen über die Umweltfolgen der Oberrheinkorrektion im 19. Jahrhundert, in: Zeitschrift für die Geschichte des Oberrheins 146, Jhg. 1998, S. 293-319.

Bernhardt, Christoph: Die Rheinkorrektion. Die Umgestaltung einer Kulturlandschaft im Übergang zum Industriezeitalter, in: Landeszentrale für politische Bildung Baden-Würtemberg. Der Rhein, Der Bürger im Staat, 50.Jahrgang, Heft 2, 2000, S. 76-81.

Bernhardt, Christoph: Die Begradigung des Oberrheins im Rückblick, in: Hoffmann, Albrecht (Hg.): Gezähmte Flüsse – Besiegte Natur, Gewässerkultur in Geschichte und Gegenwart, Kasseler Wasserbau-Forschungsberichte und – Materialien, Bad 18/22003, Kassel 2003, S. 75-85.

Bernhardt, Christoph: Im Spiegel des Wassers. Eine transnationale Umweltgeschichte des Oberrheins (1800-2000), Köln u.a.2016.

Blackbourn, David: Die Eroberung der Natur. Eine Geschichte der deutschen Landschaft, aus dem Englischen von Udo Rennert, München 2007.

Fenske, Hans: Speyer im 19. Jahrhundert (1814 bis 1918), in Stadt Speyer (Hrsg.): Geschichte der Stadt, Stuttgart u.a. 1983[2], S. 115-290.

Geisthövel, Alexa: Restauration und Vormärz 1815-1847, Paderborn 2008.

Huber, Ernst Rudolf: Deutsche Verfassungsgeschichte seit 1789, Bd. 1 Reform und Restauration 1789 bis 1830, Stuttgart u.a., 1951[2].

Kermann, Joachim: Von den Nationalaufständen zur Solidarität der freien „Völker" Europas. Die europäischen Revolutionen 1830/1831 und das Hambacher Fest, in: Kermann, J., Nestler, G., Schiffmann, D. (Hg.): Freiheit, Einheit und Europa. Das Hambacher Fest von 1832. Ursachen, Ziele und Wirkungen, Ludwigshafen a.Rh. 2006, S. 9-46.

Kremer, Bruno P.: Der Rhein. Von den Alpen bis zur Nordsee, Duisburg 2010.

Kreutz, Wilhelm: Der pfälzischen Frühliberalismus zwischen Metternichscher Restauration und 48-er Revolution, in: Faber, Richard (Hg.): Liberalismus in Geschichte und Gegenwart, Würzburg 2000, S. 97-114.

Langewiesche, Dieter: Liberalismus im 19. Jahrhundert. Deutschland im europäischen Vergleich, Göttingen 1988.

Löbert,Traude: Die Oberrheinkorrektion in Baden. Zur Umweltgeschichte des 19. Jahrhunderts. Mitteilungen des Instituts für Wasserbau und Kulturtechnik der Universität Karlsruhe (TH), Heft 193, Karlsruhe 1997.

Rösch, Norbert, Die Rheinbegradigung durch Johann Gottfried Tulla, in: zfv-Zeitschrift für Geodäsie, Geoinformation und Landmanagement, 134. Jahrgang, 4/2009, S. 242 – 248.

Rothmaier, Josef: Oberhausen-Rheinhausen, ein Heimatgeschichtliches Lesebuch, Band II, Oberhausen-Rheinhausen 2016.

Scherer, Karl: Zum Verhältnis Pfalz-Bayern in den Jahren 1816-1848, in: Fenske, Hans ((Hg.): Die Pfalz und Bayern 1816-1956, Speyer 1998, S. 9-12.

Wirth, J.G.A.: Das Nationalfest der Deutschen zu Hambach, Neustadt a.H., 1832, Bd. 1.

Wittmann, H.: Tulla, Honsell, Rehbock, Lebensbilder dreier Wasserbauingenieure am Oberrhein, Berlin 1949.

Quellen:

Bär, Franz Josef: Die Wasser- und Straßenbauverwaltung in dem Großherzogthum Baden, Karlsruhe 1870.

Honsell, Max: Die Korrektion des Oberrheines von der Schweizer Grenze unterhalb Basel bis zur Großh. Hessischen Grenze unterhalb Mannheim, insbesondere der Badische Antheil an dem Unternehmen, in: Centralbureau für Meteorologie und Hydrographie (Hg..): Beiträge zur Hydrographie des Grossherzogthums Baden, Drittes Heft, Karlsruhe 1885.

Tulla, J. G.: Ueber die Rektifikation des Rheins, von seinem Austritt aus der Schweiz bis zu seinem Eintritt in das Großherzogtum Hessen, Karlsruhe 1825.

Van der Wyck, H. J.: Der Mittelrhein und Mannheim in hydrotechnischer Hinsicht, Mannheim 1825.

Internet:

http://www.verfassungen.de/de/by/bayern18-index.htm , (Abruf am 07.09.17)

http://www.verfassungen.de/de/de06-66/karlsbad19.htm (Abruf am 20.08.17)

http://www.demokratiegeschichte.eu (Abruf am 04.09.17)

https://ka.stadtwiki.net/Tulladenkmal (Abruf am 15.08.17)

BEI GRIN MACHT SICH IHR WISSEN BEZAHLT

- Wir veröffentlichen Ihre Hausarbeit,
  Bachelor- und Masterarbeit

- Ihr eigenes eBook und Buch -
  weltweit in allen wichtigen Shops

- Verdienen Sie an jedem Verkauf

Jetzt bei www.GRIN.com hochladen
und kostenlos publizieren